动物园里的朋友们

（第三辑）

我是斗牛犬

［俄］斯·萨达尔斯基 / 文

［俄］叶·韦谢洛娃 / 图

丁贺 / 译

江西美术出版社

全国百佳出版单位

斗牛犬弟弟的平均体重为 **25** 千克，斗牛犬妹妹的平均体重为 **23** 千克。

我是谁?

　　嗨，我一直在等你呢！快来握握手认识一下吧！我是一只斗牛犬，不但是斗牛犬，还是英国斗牛犬呢。也就是说我不仅仅是一只狗狗，还是一位真正的绅士。你知道绅士是什么吗？就像一位集各种优点于一身的男士一样——诚实、勇敢又高尚。我就是这样。我们的斗牛犬妹妹也是名副其实的淑女——谦虚、有礼貌，可能稍微有些保守，有点儿像英国女王。

　　很久以前，人们饲养我们用来追捕公牛（说起来有些奇怪）——富有的英国人就有这样的娱乐方式。因此我们得名"斗牛犬"，来自英语"bull"（公牛）和"dog"（狗），字面意思是"公牛狗"（bulldog）。狗狗突袭正在奔跑的公牛，紧紧咬住他之后，挂在他的身上，直到公牛由于惊恐摔倒在地才松口。而现在，我们只从以前斗牛犬的血统中保留下了他们的名字和外貌以作纪念。我看起来很温顺，体重和一个一年级小学生差不多，身高大约只到他的腰部。

1864年，英国成立了第一家斗牛犬俱乐部。

3

斗牛犬
和其他动物
都能和谐相处。

4

我本善良

大家都说我们斗牛犬很凶恶。可我已经不再对驯服那些长着角的家伙感兴趣了——连一块红布都能惹怒他们。现在的英国斗牛犬是最有耐心、最有智慧的犬类之一。想象一下，在你打开一个套娃后发现里面并没有小木偶，取而代之的是一只活的小鸡，是不是感到很不可思议呢？英国斗牛犬也是这样有着"奥秘"的狗狗。你能想象吗？我们那些英国的古代祖先非常凶悍、冷漠，以至于他们都感觉不到疼痛。但我可不一样。我们只是表面上看起来严肃、坚毅，但内心却善良、柔软又温顺。如果我非常想念你，也是会掉眼泪的。

不过，如果你冲我们大喊大叫，恐怕我也会暂时失去思考能力，甚至会跟你对着干。说白了，我也很固执。怎么样？斗牛犬也是很有性格的吧！不想做的事，我就不会做！

斗牛犬会仔细思量给它的命令，随后会按照命令行事。

我们的皮毛

　　我的皮毛光滑，非常柔软，颜色也是世界上最美的棕红色。你知道吗？这可是幸福的颜色呢。斗牛犬的毛色各不相同，从蜜色到栗色都有，棕红色是最常见的。我的面部是白色的，满满都是褶皱，就像一个大大的香草棉花糖。颈部和背部的皮肤也皱在一起，又厚又软，好像穿着暖和的羊毛西装，不过对我来说尺寸太大了。孩子们喜欢捏着我的脖子揉来揉去，就像揉奶奶做馅饼的面团一样。我允许他们这么做，因为我很喜欢这种按摩。我的毛很短，几乎没有细绒毛，所以不需要经常梳理，每周一次就够了。需要用香波洗澡的次数就更少了，一年也就几次罢了。但是我每天都洗脸、洗爪子，因为绅士可不能脏兮兮的！

狗狗的主人
需要经常擦洗
斗牛犬面部的褶皱。

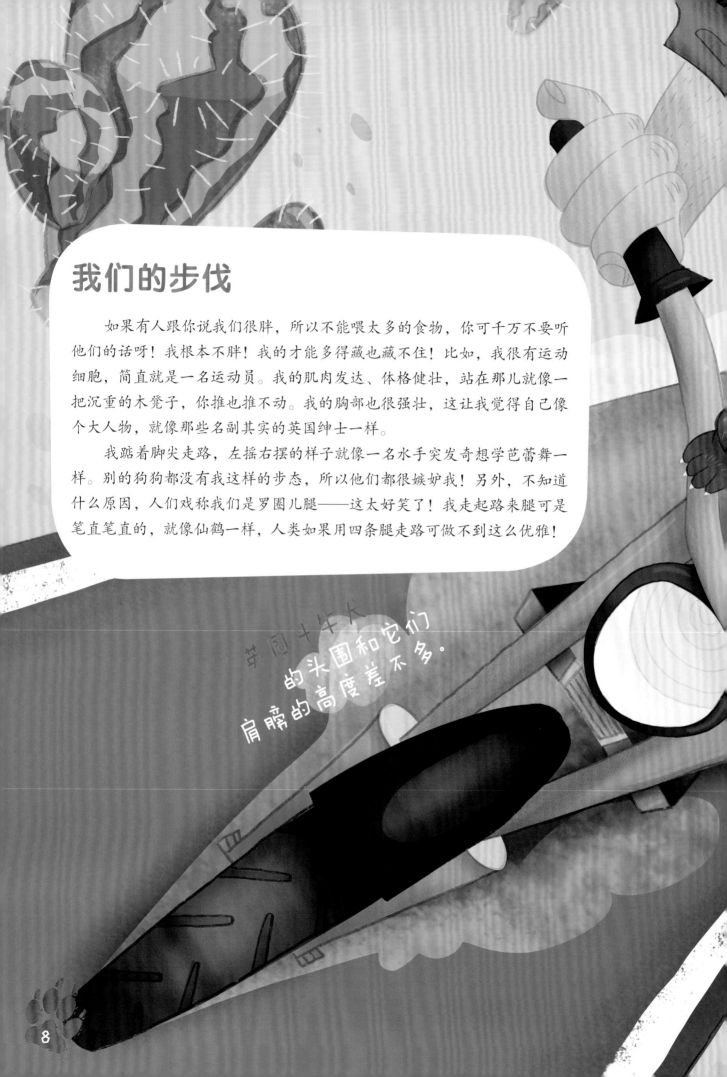

我们的步伐

　　如果有人跟你说我们很胖，所以不能喂太多的食物，你可千万不要听他们的话呀！我根本不胖！我的才能多得藏也藏不住！比如，我很有运动细胞，简直就是一名运动员。我的肌肉发达、体格健壮，站在那儿就像一把沉重的木凳子，你推也推不动。我的胸部也很强壮，这让我觉得自己像个大人物，就像那些名副其实的英国绅士一样。

　　我踮着脚尖走路，左摇右摆的样子就像一名水手突发奇想学芭蕾舞一样。别的狗狗都没有我这样的步态，所以他们都很嫉妒我！另外，不知道什么原因，人们戏称我们是罗圈儿腿——这太好笑了！我走起路来腿可是笔直笔直的，就像仙鹤一样，人类如果用四条腿走路可做不到这么优雅！

英国斗牛犬的头围和它们肩膀的高度差不多。

斗牛犬的后腿比
前腿要长。

斗牛犬的上颚有
20 颗牙齿,
下颚有 22 颗牙齿。

大约 **3** 周大时，斗牛犬宝宝长出第一颗牙齿。

我们的牙齿

　　我的下颚很宽，像藏了一块砖在嘴里；下巴微微向前突出，好似书桌抽屉一样。不，这不是"错误咬合"，你可不要取笑我呀。这其实是"地包天"，对，就是叫这个名字。这种"斗牛犬的咬痕"正是唯一让公牛害怕的记号。如果我能开口说话，这种咬合方式会使我口齿不清，或者让我吠叫时听起来很搞笑，像猫头鹰呜呜叫一样。但我一般很少吠叫，甚至都不会呜呜地低吼。这不是说我是哑巴，只是因为我很高冷。当有人试图欺负我时，我才会吠叫一声，而且嗓门一点儿也不小！或者我可以露出42颗牙齿发出"耀眼"的微笑，尤其是我的下獠牙——我可是斗牛犬呀！唉……我到底是不是斗牛犬呀？顺便提一句，和你一样，我也是需要刷牙的。

斗牛犬的嗅觉
比人类灵敏 **40** 倍以上。

我们的感官

当我开始皱着眉头挤眉弄眼时，人们会大笑起来。而我其实只是想看得更清楚一些——斗牛犬的视觉没有听觉和嗅觉那么敏锐。但是我的眼睛还是很漂亮的，而且炯炯有神，棕色的眼球看起来就像最可口的热巧克力。不知为什么，我的眼神有时看起来很忧郁，但事实并非如此，只不过是我太聪明了而已。这么说吧，如果著名的侦探福尔摩斯从所有品种的狗狗中选择他的助手，那被选中的肯定是英国斗牛犬，也就是我！可愚蠢的华生在小说中抢走了所有本该属于我的功绩。但我不会生他的气，他虽然是个"小偷"，但心地还是很善良的。如果我能用爪子抓住铅笔，那我一定会写这几个字——华生还债！要知道斗牛犬的智商可是非常高的，不过我真的不知道这是什么意思，大概是说比聪明还要聪明吧！

对于音调高的声音，斗牛犬听得
比人类更清晰。

我爱运动

　　我特别能跳。我认为人们不应该叫我"斗牛犬",而应该叫我"斗球犬"。斗球的狗!听起来是不是有些奇怪? 我的腿虽然短小但却很强壮:我可以在不助跑的情况下跳得比世界上最高的人类的身高还要高呢! 只是从哪里可以找到最高的人让我来炫耀一下我的绝技呢? 我不喜欢跑步,速度稍微快一点儿也不喜欢。但如果有类似滑板这样的工具载着我跑,我还是很喜欢的。你知道怎么滑吗? 不会没关系,我可以教你,在沥青路面上滑滑板,在雪地上滑滑雪板,甚至在水上滑冲浪板都没问题——不过如果我从冲浪板上面掉下来的话,你一定得救我,因为我不太会游泳,连狗刨也不会。

　　哦! 还有一种很酷的运动,就是蹦床了! 在上面跳来跳去可真是太棒了! 也许可以跳得比最高的人类还要高呢! 让我们试试吧!

斗牛犬可以从原地
向上跳起 2 米。

主人不应该训练不到 4 个月大的
斗牛犬幼崽从椅子上往下跳。

我们的食物

　　我吃什么？我吃的东西和你吃的一样呀。是的，真的差不多。你喜欢吃水果，不是吗？我也喜欢呀，只不过喜欢不太酸的和不带果核的，比如苹果、香蕉，还有葡萄。我也喜欢喝粥！大米粥、荞麦粥、南瓜粥我都喜欢。但需要在单独的小锅里用水或肉汤给我煮粥，你餐桌上的食物往往太咸或太甜，我们斗牛犬可不能吃盐、糖和各种调料。乳渣、奶酪、酸奶还是可以吃的。瘦肉也可以，当然和粥一起煮会更好吃。骨头呢？是肯定没有问题的啦。我还喜欢胡萝卜、黄瓜，可以擦成丝或者拌在沙拉中。但是有了像图片中这样好吃的蛋糕，别的我就什么都不会吃了。哦，对了，橘子、草莓我也不能吃。斗牛犬和婴儿一样，柑橘类的水果和红色浆果是不宜食用的。最重要的是，应该在饭前让我散散步，否则我一吃饱马上就会犯困的……

最好不要在
斗牛犬吃东西的
时候打扰它。

对斗牛犬来说，
最健康的粥是用大米做的。

如果斗牛犬无事可做，它一天可以睡上 **20** 个小时。

斗牛犬应该睡在
温暖、柔软
又宽敞的地方。

我们的睡眠

　　不知道你喜不喜欢睡觉，但我是真的很喜欢。我只要一看到枕头或沙发——"好的，睡觉吧！闭上一只眼睛，睡觉吧！再闭上另一只眼睛！"——眼睛自己就闭上了。最好不要给我唱摇篮曲，否则我即便是站着也能睡着。在家里给我找一个既舒适又通风的角落，再配上柔软的垫子，你就会看到我睡着后的滑稽模样了——四爪伸开趴在地上，就像一颗星星！同时，打呼噜的声音也很大。只是，别嘲笑我哟。也许我恰好梦到了你，所以才会开心地发出呼哧呼哧的鼾声。告诉你一个秘密：斗牛犬特别舍不得离开主人，如果离开了，就会非常想念他们，即使在睡梦中也是如此。

我们的宝宝

　　我很招女孩子喜欢，谁不想和一位正统的英国绅士走在一起并愉快地聊聊世界上的一切呢？但是和我们的斗牛犬妹妹相处可就没那么简单了。她们特别温柔、拘谨，甚至别人都不知道该如何接近她们、认识她们。如果看中的姑娘是别的斗牛犬的未婚妻，那可真是个悲剧。就像我身上具有无数的优点一样，我们的斗牛犬宝宝也完美得让人叹服！他们美丽又聪明。可斗牛犬妈妈不允许我接近他们，第一个月都是由斗牛犬妈妈抚养宝宝的——给他们喂奶，教他们如何正确呼吸，照看他们，确保他们时刻保持整洁。之后他们就住到了我们主人的家里，由主人来照料他们。英国斗牛犬宝宝很有趣，就像一个有生命的玩具——小小的、暖暖的、皱皱的，像一只滑下来的袜子。对他们我可是倾注了不少心血呀！

斗牛犬妈妈一次能生
2~10 只幼崽。

一直到 **2** 岁前，
英国斗牛犬
都特别活跃，
长大后就会变得稳重起来。

英国斗牛犬能活
10~12 年。

我们的天敌

　　我们有两个天敌——炎热和寒冷。对我来说，冬天，我要穿得跟你一样暖和才能到户外去，以免感冒。夏天，我会喝很多水，把脑袋藏在阴凉处。啊！我看到图片中有一只斗牛犬打着很漂亮的遮阳伞，我也想要一个！他打着一点儿都不合适，这个遮阳伞应该更适合我！

在炎热潮湿的天气里，
斗牛犬会呼吸困难。

你知道吗？

斗牛犬家族已经有
几个世纪的历史了。

一些报道中称，古罗马时期，不列颠群岛上已经生活着一些看起来像斗牛犬的狗了。"斗牛犬"这个词本身出现在大约 16 世纪的书籍之中。19 世纪中期，人们依照一定标准对这些狗狗的品种进行了划分。从那以后，标准的斗牛犬就是我们想象的那样了：巨大的下颌、看似弯曲的腿和强壮的身体。

斗牛犬粉丝俱乐部——
英国最老的犬类俱乐部。

像斗牛犬这种古老的犬类拥有自己的俱乐部，丝毫不会令人惊讶——这本身就是贵族传统的体现。第一家英国斗牛犬俱乐部已经运营大约 150 年了，至今仍然是最古老的犬类粉丝俱乐部。目前，伦敦有一个专门的酒吧，一个半世纪以来专供世界各地的英国犬类的粉丝们聚会。

英国斗牛犬是第一批被列入
名录的犬类之一。

1873 年，最古老的养犬俱乐部（Kennel Club）成立于英格兰，斗牛犬也是第一批被列入《犬种百科全书》的狗狗，这本百科全书由俱乐部的筹备人员编写完成。

最初，关于斗牛犬的描写像是
一首庄重的颂歌。

书中写道："英国斗牛犬是一种雄壮又古老的动物，非常稀有。这个品种的犬类既是优秀的守卫，又是出色的游泳运动员。自古以来，这种英国犬类就与古英格兰有着千丝万缕的联系，这也是一种令英国人引以为傲的犬类。"

这段描述有一处特别容易被忽略的错误——斗牛犬虽具有各种各样的优点，但通常它们并不会游泳。

虽然大多数犬类都是出色的游泳健将，但英国斗牛犬可不是为游泳而生的。它的脑袋实在太重了，腿也很短。如果狗狗的主人带着一只斗牛犬去水上旅行，就必须给它穿上救生衣，而且是为斗牛犬特制的救生衣，这样就可以让它的脑袋浮在水面上了。

斗牛犬的勇敢和忠诚
被颂为传奇。

当然，还有它们坚持不懈的品格。如果英国斗牛犬用巨大的下颌咬住什么东西，即使是它的主人也很难让它松口。有时，主人不得不夹住斗牛犬的尾巴来减弱它们咬合的力度。如果这都没效果，就得用一种特殊工具来撬开狗狗的嘴巴。

斗牛犬的性格——
能忍耐、有教养。

英国斗牛犬的身上结合了出色守卫者所具备的两种最重要的特质。首先，它可以很好地将自己人与外人区分开来，没有主人的命令甚至不会向坏人发起攻击。其次，它从不会无缘无故地吠叫。如果主人听到斗牛犬沉厚的低吼，那一定要去看看到底发生了什么。

就像所有名流犬类一样，
斗牛犬也是特别讲究、时髦的狗狗。

与许多其他犬种不同，斗牛犬很乐意穿上狗狗的衣服。即使穿着华丽的西装，它们仍保持应有的尊严。有不少专门出售斗牛犬服装的商店。

斗牛犬只适应温和的气候。

尽管外表非常威武，但英国斗牛犬可不是什么气候都能适应的。在寒冷的天气里它很容易感冒，而且根本不能忍受炎热。由于面部短小，斗牛犬通常在高温时会呼吸困难。另外，天气炎热时，它们还会大量出汗，因为斗牛犬的表皮都是漂亮的褶皱，所以无法很好地通风散热。

斗牛犬特别喜欢小孩子和猫咪。

自从人们停止使用英国斗牛犬来斗牛，这一犬种的攻击性就逐渐下降了。斗牛犬变成了都市犬，也渐渐成为忍耐、镇静、温和和友善的象征。通过适当驯化，斗牛犬可以与其他家庭宠物和谐相处。与许多其他品种的狗狗不同，斗牛犬与猫咪相处得也很好。它们还可以与小孩子长时间地互动，而且不会疲倦，也不会因此感到一丝的烦躁。

英国斗牛犬还酷爱滑板！

训练斗牛犬滑滑板是需要时间的，但它们一旦学会这项技能就永远也不会遗忘。它们的脚灵活地往后一蹬，滑板就向前滑出去。它们掌控平衡的能力十分出色，可以与它们心爱的主人连续滑上几个小时。

"斗牛犬滑板选手"甚至被列入了吉尼斯世界纪录。

一只来自秘鲁的4岁斗牛犬"奥托"，在不借助任何外力的情况下，成功地滑着滑板在10秒钟内穿过了30个人的胯下，这些人一个挨一个地站在一起，奥托没有撞到任何人的腿。

斗牛犬是最有力量的犬类之一。

这说的不仅仅是它们的下巴。2003年，一只来自美国的斗牛犬在自己的重量级别中赢得了世界雪中举重冠军（拉力赛）。通常雪橇犬是这种犬类运动中无可争议的冠军，但这次获奖的是斗牛犬，它拉动了负重约680千克的雪橇。

沐浴及按摩是属于斗牛犬的贵族习俗。

沐浴可以使英国斗牛犬皮肤褶皱保持洁净，按摩可以使它们非标准身材上的肌肉放松。另外，由于腿过短，斗牛犬甚至都不能正常地给自己挠痒痒，这一点使它们无法离开自己的主人！

想想，有时候还得劝斗牛犬去散散步。

稳重的性格使这种高贵的狗狗不喜欢像其他犬类一样在草坪上窜来窜去。但如果斗牛犬很少跑动，就可能会发胖，甚至还会生病，所以主人必须帮助自己的宠物保持健康的体形。

许多名人都选择斗牛犬和自己做伴儿。

有些人还特别喜欢和斗牛犬合影呢！

例如，人们喜欢根据外貌及性格把英国前首相丘吉尔与一只最有名的英国狗狗——他所饲养的斗牛犬进行比较。英明的丘吉尔特别了解英国人的"恋狗情节"，所以自己也经常和斗牛犬合影。

英国斗牛犬的形象是最受欢迎的犬类标志。

在许多国家，共计几十所的体育俱乐部、大学、中学，甚至是军事部门，都把英国斗牛犬的形象用作自己的徽章和标志。在美国，斗牛犬被选为海军陆战队的吉祥物。

世界上最出名的犬类是什么？当然是斗牛犬啦！

自 18 世纪末以来，斗牛犬就开始出现在许多著名艺术家的画作中，而且他们都是为斗牛犬单独作画，并不把它们画在主人身边。这种荣耀属于那些在各种比赛中获胜的狗狗。1961 年，美国的一家专业画廊——斗牛犬画廊（Bulldog Hall）开始营业，这个画廊专门展出以斗牛犬为主题的画作。

圣彼得堡有一座斗牛犬雕塑。

实际上就是鲍里斯·彼得罗夫的雕塑。2001 年年初，它在俄罗斯圣彼得堡的马拉亚萨多瓦亚街与公众见面。这个雕塑还没有官方名称，民间称为"圣彼得堡摄影纪念碑"，因为雕像的主体是一个打着伞的男子，正在用老式相机拍摄城市风貌，在这个"青铜摄影师"的脚下，正是一只英国斗牛犬——它忠诚、安静，丝毫没有妨碍男子的创作。

在拉脱维亚还有一座斗牛犬雕像。

2007 年，拉脱维亚的陶格夫匹尔斯市向公众开放了一座纪念碑，以纪念前市长巴维尔·杜布洛文和他最喜欢的英国斗牛犬。杜布洛文曾用自己的财产收购了雕塑所在的公园，对其进行美化建设后捐献给城市。市长本人也很喜欢在那里和自己的狗狗一起散步。

在布列斯特，斗牛犬是猫头鹰的邻居。

在白俄罗斯布列斯特市的苏联大街上竖立着一座纪念碑，以纪念这条街道的曾用名——警察街。在雕塑的中心是一只戴着铆钉项圈的斗牛犬，它从守卫亭里机警地观察着街道上的情况，亭顶上它的夜班替班人——一只猫头鹰正展开翅膀。

全世界都很喜欢斗牛犬。

英国斗牛犬的粉丝遍布世界各地。但令人吃惊的是，夏威夷群岛被认为是最喜爱斗牛犬的地点之一。1939年，那里成立了第一家斗牛犬俱乐部，从那时起，斗牛犬在岛上就极其受欢迎。

在俄罗斯，斗牛犬已经"红"了 150 多年。

过去人们借助斗牛犬来捕猎熊类。斗牛犬看起来非同寻常，十分严肃。

英国斗牛犬的确称得上是绅士，也可以作为绅士的伴侣。

而且，根据情况的需要，它们可以像英国绅士一样全身心献身于运动，并且，它们特别尊重人们的私人时间：一般来说，就算一只成年斗牛犬无事可做，也不会纠缠主人来求关注。但如果主人突然想和它互动，那斗牛犬还是很乐意给他这个机会的。

这就是斗牛犬——一种最具贵族风范，最温顺的狗狗！

我们斗牛犬沉稳又坚定，就和真正的英国绅士一样！我们还很喜欢小孩子呢……

再见啦！
让我们散步时再见面吧！

动物园里的朋友们

本套书共三辑，每辑 10 册，共 30 册。明星作者以第一人称讲故事的形式，展现每个动物最与众不同、最神奇可爱的一面，介绍了每种动物的种类、生活环境、形态特征、生活习性等各方面。让孩子们足不出户也能了解新奇有趣的动物知识。

第一辑（共 10 册）

 我是企鹅
 我是狐狸
 我是刺猬
 我是老虎
 我是蝙蝠
 我是山羊

 我是松鼠
 我是狮子
 我是北极熊
 我是大熊猫

第二辑（共 10 册）

 我是海豚
 我是河马
 我是猫
 我是蛇
 我是长颈鹿
 我是驼鹿

 我是蚊子
 我是蝴蝶
 我是浣熊
 我是麝鼹

第三辑（共 10 册）

 我是小熊猫
 我是大象
 我是长尾猴
 我是斗牛犬
 我是考拉
我是树懒

 我是袋熊
 我是蚂蚁
 我是老鼠
 我是臭鼬

图书在版编目（CIP）数据

　　动物园里的朋友们. 第三辑. 我是斗牛犬 /
（俄罗斯）斯·萨达尔斯基文 ；于贺译. -- 南昌 ：江西
美术出版社，2020.11
　　ISBN 978-7-5480-7515-8

　　Ⅰ. ①动… Ⅱ. ①斯… ②于… Ⅲ. ①动物—儿童读
物②犬—儿童读物 Ⅳ. ① Q95-49

　　中国版本图书馆 CIP 数据核字 (2020) 第 067724 号

版权合同登记号 14-2020-0156

Я английский бульдог
© Sadalskiy S., text, 2016
© Veselova E., illustrations, 2016
© Publisher Georgy Gupalo, design, 2016
© OOO Alpina Publisher, 2016
The author of idea and project manager Georgy Gupalo
Simplified Chinese copyright © 2020 by Beijing Balala Culture Development Co., Ltd.
The simplified Chinese translation rights arranged through Rightol Media （本书中文简体版权经由锐拓
传媒旗下小锐取得Email:copyright@rightol.com）

出 品 人：周建森

企　　划：北京江美长风文化传播有限公司

策　　划： 巴拉拉

责任编辑：楚天顺 朱鲁巍

特约编辑：石　颖 吴　迪 王　毅

美术编辑：童　磊 周伶俐

责任印制：谭　勋

动物园里的朋友们（第三辑） 我是斗牛犬
DONGWUYUAN LI DE PENGYOUMEN (DI SAN JI)　WO SHI DOUNIUQUAN

［俄］斯·萨达尔斯基 / 文　［俄］叶·韦谢洛娃 / 图　于贺 / 译

出　版：江西美术出版社		印　　刷：北京宝丰印刷有限公司	
地　址：江西省南昌市子安路 66 号		版　　次：2020 年 11 月第 1 版	
网　址：www.jxfinearts.com		印　　次：2020 年 11 月第 1 次印刷	
电子信箱：jxms163@163.com		开　　本：889mm×1194mm 1/16	
电　话：0791-86566274 010-82093785		总 印 张：20	
发　行：010-64926438		ISBN 978-7-5480-7515-8	
邮　编：330025		定　　价：168.00 元（全 10 册）	
经　销：全国新华书店			